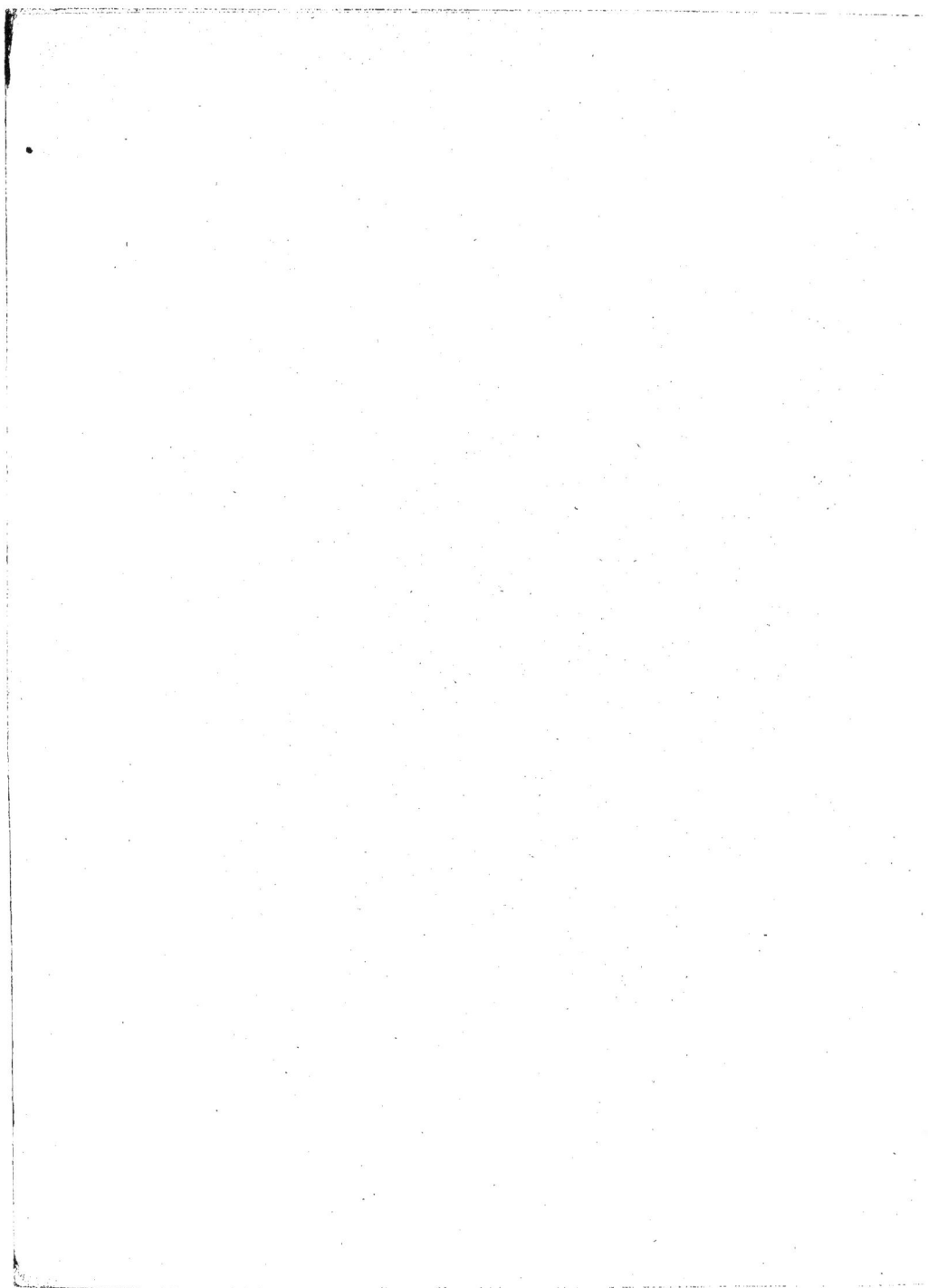

OUVRAGE PUBLIÉ SOUS LES AUSPICES
DU MINISTÈRE DE L'INSTRUCTION PUBLIQUE
SOUS LA DIRECTION DE L. JOUBIN
PROFESSEUR AU MUSÉUM D'HISTOIRE NATURELLE

DEUXIÈME EXPÉDITION ANTARCTIQUE FRANÇAISE

(1908-1910)

COMMANDÉE PAR LE

Dʳ JEAN CHARCOT

SCIENCES NATURELLES : DOCUMENTS SCIENTIFIQUES

RHIZOPODES D'EAU DOUCE

PAR E. PENARD

MASSON ET Cⁱᵉ, ÉDITEURS
120, Bⁿ SAINT-GERMAIN, PARIS (VIᵉ)
1913

DEUXIÈME EXPÉDITION
ANTARCTIQUE FRANÇAISE

(1908-1910)

COMMANDÉE PAR LE

Dr JEAN CHARCOT

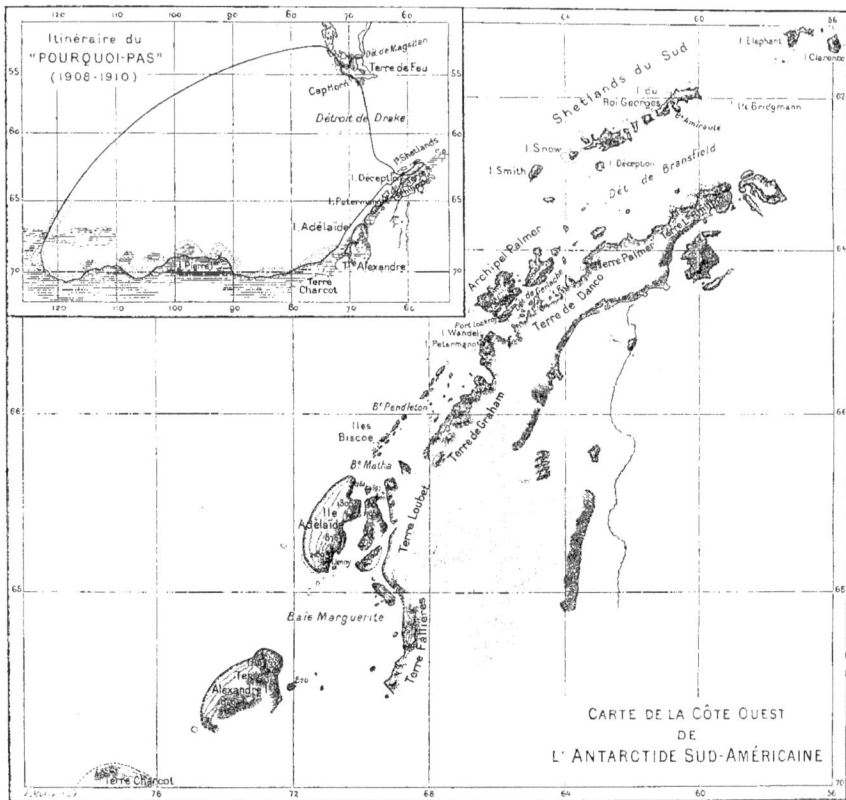

Itinéraire du "POURQUOI-PAS" (1908-1910)

CARTE DE LA CÔTE OUEST DE L'ANTARCTIDE SUD-AMÉRICAINE

CARTE DES RÉGIONS PARCOURUES ET RELEVÉES PAR L'EXPÉDITION

MEMBRES DE L'ÉTAT-MAJOR DU " POURQUOI-PAS"

J.-B. CHARCOT

M. BONGRAIN	Hydrographie, Sismographie, Gravitation terrestre, Observations astronomiques.
L. GAIN	Zoologie (Spongiaires, Échinodermes, Arthropodes, Oiseaux et leurs parasites), Plankton, Botanique.
R.-E. GODFROY	Marées, Topographie côtière, Chimie de l'air.
E. GOURDON	Géologie, Glaciologie.
J. LIOUVILLE	Médecine, Zoologie (Pinnipèdes Cétacés, Poissons, Mollusques, Calentérés Tunidiens, Vers Protozoaires, Anatomie comparée, Parasitologie).
J. ROUCH.	Météorologie, Océanographie physique, Électricité atmosphérique.
A. SENOUQUE	Magnétisme terrestre, Actinométrie, Photographie scientifique.

OUVRAGE PUBLIÉ SOUS LES AUSPICES DU MINISTÈRE DE L'INSTRUCTION PUBLIQUE

SOUS LA DIRECTION DE L. JOUBIN, Professeur au Muséum d'Histoire Naturelle.

DEUXIÈME EXPÉDITION ANTARCTIQUE FRANÇAISE

(1908-1910)

COMMANDÉE PAR LE

Dʳ JEAN CHARCOT

SCIENCES NATURELLES : DOCUMENTS SCIENTIFIQUES

RHIZOPODES D'EAU DOUCE

PAR E. PÉNARD

MASSON ET Cⁱᴱ, ÉDITEURS

120, Bᵈ SAINT-GERMAIN, PARIS (VIᵉ)

1913

LISTE DES COLLABORATEURS

MM. Trouessart............	*Mammifères.*
Anthony et Gain.....	*Documents embryogéniques.*
Liouville............	*Phoques, Cétacés (Anatomie, Biologie).*
Gain................	*Oiseaux.*
Roule...............	*Poissons.*
Sluiter.............	*Tuniciers.*
Joubin..............	*Céphalopodes, Brachiopodes, Némertiens.*
* Lamy...............	*Gastropodes et Pélécypodes.*
Vayssière...........	*Nudibranches.*
Keilin..............	*Diptères.*
* Ivanof.............	*Collemboles.*
Trouessart et Berlese.	*Acariens.*
* Neumann............	*Pédiculines, Mallophages, Ixodides.*
Bouvier.............	*Pycnogonides.*
Coutière............	*Crustacés Schizopodes et Décapodes.*
* Mⁱˡᵉ Richardson..........	*Isopodes.*
MM. Calman...............	*Cumacés.*
De Daday............	*Entomostracés.*
* Chevreux...........	*Amphipodes.*
Cépède..............	*Copépodes.*
Quidor..............	*Copépodes parasites.*
Calvet..............	*Bryozoaires.*
* Gravier............	*Polychètes, Alcyonaires et Ptérobranches.*
Hérubel.............	*Géphyriens.*
Germain.............	*Chétognathes.*
Railliet et Henry.....	*Helminthes parasites.*
Hallez..............	*Polyclades et Triclades maricoles.*
* Kœhler.............	*Stellérides, Ophiures et Échinides.*
Vaney..............	*Holothuries.*
Pax.................	*Actiniaires.*
Billard.............	*Hydroïdes.*
Topsent.............	*Spongiaires.*
* Pénard.............	*Rhizopodes.*
Fauré-Frémiet.......	*Foraminifères*
Cardot..............	*Mousses.*
Mᵐᵉ Lemoine.............	*Algues calcaires*
* MM. Gain.................	*Algues.*
Mangin.............	*Phytoplancton.*
Peragallo...........	*Diatomées.*
Hue................	*Lichens.*
Metchnikoff........	*Bactériologie.*
Gourdon............	*Géographie physique, Glaciologie, Pétrographie.*
Bongrain...........	*Hydrographie, Cartes, Chronométrie.*
* Godfroy............	*Marées.*
Muntz.............	*Recherches sur l'atmosphère.*
* Rouch.............	*Météorologie, Océanographie physique.*
Senouque...........	*Magnétisme terrestre, Actinométrie.*
J.-B. Charcot........	*Journal de l'Expédition.*

Les travaux marqués d'une astérisque sont déjà publiés.

RHIZOPODES D'EAU DOUCE

Par E. PENARD

Les collections que M. L. Gain a bien voulu m'envoyer pour la détermination des Rhizopodes d'eau douce rapportés par la deuxième expédition antarctique française étaient représentées par 17 paquets de Mousses sèches, ou plutôt de terre mêlée de Mousse, puis par 5 tubes renfermant du sédiment, et par un bocal à moitié plein de terre humide, avec parcelles de Mousses également.

De ces 23 récoltes, je crois devoir, pour donner plus d'homogénéité à mon rapport, qui ne traitera alors que des terres antarctiques proprement dites, en éliminer immédiatement 2, qui provenaient de la Terre de Feu (baie Edwards, 18 décembre 1908). C'était d'abord une petite pincée de sable, avec quelques fibres de Mousses, où je n'ai pu découvrir que deux ou trois fragments de coquilles d'un Rhizopode peut-être assimilable à *Centropyxis arcelloides*, puis un tube avec du sédiment, où se sont trouvées des enveloppes vides d'un *Plagiopyxis* indéterminable.

Toutes les autres récoltes, 16 paquets de Mousses, 4 petits tubes et un grand bocal, provenaient soit de la Terre de Graham, soit du complexe d'îles qui bordent cette terre elle-même, et que le « Pourquoi Pas ? » s'était surtout donné pour mission d'explorer.

Voici quelles sont, en précisant quelque peu, et en indiquant les localités avec le numéro d'ordre que portaient les paquets reçus, les stations d'où les Mousses ont été rapportées :

N° 21. — *Admiralty Bay*, île du Roi-George, Shetlands du Sud. — L. 62° 12′ S. ; G. 60° 55′ W. P. — 25 décembre 1909.

Un peu de terre, avec quelques bribes de Mousses.

Nº 22. — *Ile Déception*, Shetlands du Sud. — L. 62°55' S. ; G. 60°55' W. P. — 28 décembre 1909.

Surtout de la terre, avec très peu de Mousses.

Nº 4. — *Ilot Goudier*, Port-Lockroy (île Wiencke). — L. 64° 49'33" S. ; G. 65° 49' 18" W. P. — 28 décembre 1908.

Mousse et terre, petite récolte.

Nº 4'. — Même récolte, mais sédiment dans un tube, provenant du lavage des Mousses.

Nº 7. — *Ile Booth-Wandel*. — L. 65° 03' 45" S. ; G. 66° 21' 58" W. P. — 30 décembre 1909.

Terre et Mousses relativement (1) bien fournies.

Nº 17. — *Cap des Trois-Pérez*, Terre de Graham. — L. 65° 27' S. ; G. 66° 28' W. P. — 6 mars 1909.

Quelques bribes de Mousse avec beaucoup de terre

Nº 10. — *Cap Tuxen*, Terre de Graham. — L. 65° 15' S. ; G. 66° 30' W. P. — 8 janvier 1909.

Bonne récolte, Mousses relativement assez longues.

Nº 20. — *Cap Rasmussen*, Terre de Graham, en face l'île Petermann. — 10 mars 1909.

Terre et Mousses, petite récolte, mais l'une des plus productives.

Nº 20. — *Cap Rasmussen.*

Même récolte, mais sous la forme de sédiment dans un tube.

Nº 8. — *Ile Berthelot*. — L. 65° 21' S. ; G. 66° 30' W. P. — 6 janvier 1909.

Mousses, relativement assez fournies.

Nº 16. — *Iles Argentine* (quelques milles au sud de l'île Petermann). — 8 février 1909.

Quelques rares fragments de Mousses.

Nº 794. — *Ile Petermann*. — L. 65° 10' 34" S. ; G. 66° 32' 30" W. P. — Février 1909.

Bocal renfermant de la terre encore humide, des coquillages (*Patella*) et des bribes de Mousses. Bonne récolte.

---

(1) Tout cela est très relatif en réalité, et, comparées aux Mousses que l'on peut recueillir dans des conditions climatériques plus favorables, ces petites touffes rares et chétives de l'Antarctide feront toujours une assez pauvre figure.

Nº 9. — *Ile Petermann.* — 10 janvier 1909.

Nombreux fragments de Mousses ; bonne collection.

Nº 19. — *Ile Petermann.* — 14 mars 1909.

Bonne récolte de Mousses assez fournies.

Nº 15. — *Ile Jenny*, baie Marguerite. — L. 67°43′17″S. ; G. 70° 45′ 42′ W. P. — 30 janvier 1909.

Terre et débris de Mousses.

Nº 14. — *Ile Jenny.* — 30 janvier 1909.

Terre et Mousses, en assez gros fragments.

Nº 11. — *Ile Jenny.* — 15 janvier 1909.

Bonne récolte, Mousse et terre.

Nº 792. — *Ile Jenny.* — 30 janvier 1909.

Sédiment dans un tube, provenant d'un lavage sur place.

L'une des meilleures récoltes.

Nº 569. — *Ile Jenny.*

Lavage sur place de Mousses récoltées en des lieux humides, altitude 100 mètres.

Nº 13. — *Petite île* dans la baie Marguerite. — 24 janvier 1909.

Terre et quelques bribes de Mousses.

Nº 12. — *Ile Léonie*, baie Marguerite. — L. 67° 36′S. ; G. 70° 44′ W. P. — 17 janvier 1909.

Petites pelotes de Mousses en filaments serrés.

Les Rhizopodes récoltés dans ces différentes stations sont les suivants :

	Amœba terricola	Arcella arenaria	Assulina muscorum	Corycia flava	Corythion dubium	Difflugia constricta	— lucida	— piriformis var. briophila	— spec.	Diplochlamys spec.	— Gruberi	— timida	— vestita	Euglypha ciliata	— compresso	— laevis	— — var. minor	— rotunda	— strigosa	Nebela ingeniformis	Phryganella hemisphærica	Plagiopyxis spec.	Pseudochlamys patella	Trinema enchelys	— lineare	Clathrulina Cienkowskii
Ile Léonie. 12	+	+						+	++																	+
Baie Marguerite. 13	+																									
Ile Jenny. 369	+		+		++				+		+·															
Ile Jenny. 792	+	+	++++	+		+·÷	+	+++	?		++															
Ile Jenny. 11	++		++	·|		+		·|·+																		
Ile Jenny. 14	+	+	++			+	+																			
Ile Jenny. 15	+?	+++	·|		+	+	+·		+			+														
Ile Petermann. 19	+++	+	+			+		+		+			+													
Ile Petermann. 9	+·	+++++			++	++		+		++		+														
Ile Petermann. 791	+	++	+						+	+	+															
Iles Argentine. 16	+																									
Ile Berthelot. 8	++				+		++	++																		
Cap Rasmussen. 20	+	+	+			+	+		++																	
Cap Rasmussen. 3	+	++			+	+++++		++																		
Cap Fuxen. 10	+·	+++			+·◦ +++	+			+																	
Cap des Trois-Pérez. 17	+	+		+				+																		
Ile Booth-Wandel. 1	+	++			+		++◦																			
Ilot Goudier. 5	+	+	+		+		+																			
Ilot Goudier. 4	+	+	+		+		+																			
Ile Déception. 24																										
Ile du Roi-George. 2	·																									

Observations sur les espèces indiquées au tableau.

Amœba terricola Greeff.

Ce Rhizopode, généralement assez commun dans nos pays tempérés, s'est toujours montré fort rare dans les récoltes rapportées des terres antarctiques, où les Mousses sont rabougries et ne mènent qu'une existence précaire. Dans les récoltes 19, 14, 11, 792, il s'en est rencontré quelques exemplaires, toujours de faible taille, morts ou parfois peut-être seulement à l'état de vie ralentie, mais dont aucun individu en tout cas ne s'est décidé à se réveiller.

Arcella arenaria Greeff.

Cette espèce, que l'on rencontre presque inévitablement dans les Mousses des climats tempérés, n'est apparue que dans les récoltes 19 et 11, puis surtout dans la récolte 9, où les individus étaient *relativement* nombreux.

Assulina muscorum Greeff.

C'est encore là l'une des espèces les plus caractéristiques des Mousses, où elle ne manque pour ainsi dire jamais. Elle s'est montrée dans la plupart des récoltes, en individus clairsemés, généralement petits et malingres. Dans la collection 12, cependant, les exemplaires, assez nombreux, arrivaient à une taille assez forte, 49 à 54 μ, et, dans la récolte 569, c'était une belle forme également, à coquille généralement très foncée, très large, souvent presque orbiculaire dans son contour.

Corycia flava (Greeff) Penard.

Il est presque surprenant que ce Rhizopode ne se soit trouvé que dans deux stations, aux îles Jenny et Petermann.

C'est là, en effet, un organisme d'une force de résistance extraordinaire, qui laisse loin derrière lui sous ce rapport les Tardigrades et Rotifères plus vigoureux pourtant que les Rhizopodes en général. Dans mon rapport sur l'Expédition Shakleton, j'avais déjà eu l'occasion de constater ce fait, à propos des matériaux rapportés par J. Murray des environs du cap Royds ; la *Corycia* reprenait vie en un instant, alors que tous les autres organismes avaient péri.

A l'île Petermann, dans la récolte 9, il n'en a pas été autrement. Cette espèce, ou plutôt, faudrait-il dire, une petite forme spéciale (1), de 33 à 43 μ de diamètre, à enveloppe relativement épaisse, mais presque incolore, était représentée par des animaux vivants ; apathiques cependant et inertes en apparence, mais où l'on voyait un plasma en parfait état, avec des vésicules contractiles qui se formaient et se déformaient lentement.

Dans la récolte 791, deux exemplaires seulement se sont rencontrés, de type normal, avec un diamètre de 115 et 116 μ ; l'un de ces exemplaires renfermait un kyste ; l'autre n'était qu'à l'état d'enveloppe vide.

Corythion dubium Taranek.

S'est montré un peu partout, mais presque toujours d'une taille très faible (25 à 30 μ), et, le plus souvent aussi, sous une forme largement arrondie, qu'on ne rencontre qu'exceptionnellement en Europe, mais qui paraît commune dans l'hémisphère austral.

Dans la récolte 19 (île Petermann), outre la forme typique et normale, on trouvait une toute petite variété, de 9 μ seulement en longueur.

Difflugia constricta Ehrenberg.

Dans la plupart des récoltes, cette espèce était représentée par deux variétés distinctes, l'une arrondie, l'autre allongée, qui n'avaient de commun entre elles qu'une taille extrêmement faible.

Difflugia lucida Penard.

C'est là une espèce qui manque rarement dans les Mousses, où pourtant elle passe trop souvent inaperçue, tant en raison de sa taille très faible que de son apparence générale. Elle est presque toujours (dans les

---

(1) Il n'est pas impossible que la *Corycia flava* ne représente, plutôt qu'une espèce, un type, dont plusieurs formes spécifiques seront détachées un jour.

Mousses sèches) en mauvais état, recroquevillée, plissée ou déchirée, et l'on ne croit y voir qu'un débris quelconque sans structure bien marquée.

Difflugia piriformis Perty var. *bryophila* Penard.

La *Difflugia piriformis* ne se rencontre guère dans les Mousses non submergées, et, quand on l'y trouve, c'est sous une forme particulière, une petite variété d'apparence très peu piriforme, et qu'en 1902 j'avais décrite comme var. *bryophila*.

C'est bien comme telle aussi qu'elle est apparue dans les Mousses antarctiques, et cela seulement dans les récoltes 15 et 792, où elle était d'ailleurs fort rare.

Difflugia spec.

Dans la collection 569, qui provenait d'un lavage de Mousses récoltées dans un milieu humide, se sont montrées deux petites Difflugies qui ne semblent pas appartenir à la faune propre des Mousses, et dont l'identification n'a pas été possible.

La première, de 40 μ de longueur, ovoïde allongée avec ouverture terminale ronde, et formée de chitine incolore, que recouvraient de minuscules fragments de silice, rappelait de très près la *Difflugia pulex* Penard. La seconde, de 57 μ, globuleuse allongée, brune, chitinoïde avec particules siliceuses très petites, semblerait qualifiée pour le nom, toujours si vague, de *Difflugia globulosa*; mais, en l'absence de toute indication sur la nature des pseudopodes, il faut se borner à mentionner ces deux formes sans chercher à les identifier à des espèces connues.

Genre *DIPLOCHLAMYS* Greeff.

Si l'on excepte *Dipl. timida* Penard, dont un exemplaire bien caractérisé s'est trouvé dans la récolte 17, puis *Dipl. vestita* Penard, qui s'est montrée très rare dans les récoltes 9 et 792, puis encore quelques exemplaires typiques de *Dipl. Gruberi* Penard, dans 9 également, on peut dire que ce genre ne s'est vu représenté que par des spécimens indéterminables, étant donné le mauvais état de leur conservation; aussi me suis-je contenté, dans le tableau général, du terme générique tout seul.

Il faut dire quelques mots cependant d'un Rhizopode se rattachant sans aucun doute à ce genre, très commun dans la récolte 791, dans ce bocal plein de terre encore humide et qui s'est trouvé renfermer plusieurs organismes intéressants.

Dans cette *Diplochlamys*, l'enveloppe, de 60 à 70 μ, constituait un feutrage clair et très lâche d'éléments variés, paillettes siliceuses ou fragments minuscules arrachés aux Mousses. C'était, si l'on veut, le feutrage de la *Dipl. fragilis* Penard, mais beaucoup plus lâche encore (peut-être simplement désagrégé par le long séjour dans la terre humide?). Sous ce feutrage, dans une vaste chambre bordée d'une ligne circulaire bien nette (la paroi interne de l'enveloppe), on voyait un plasma rétracté en boule et pourvu d'un gros noyau unique, granulé lui-même dans sa masse, et de 10 μ de diamètre.

Or, dans le genre *Diplochlamys*, tel qu'il nous est connu à ce jour, toutes les espèces, sauf *Dipl. timida* et *Dipl. Gruberi*, sont plurinucléées. Mais *D. timida* est plus petite et d'une apparence tout autre, facilement reconnaissable à son enveloppe interne d'une structure particulière; et *D. Gruberi*, avec sa forme trapue spéciale, sa forte enveloppe brune et faite d'un feutrage serré d'éléments noyés dans un ciment compact, se montre bien différente également.

Peut-être y a-t-il là, à l'île Petermann, une *Diplochlamys* qui n'a pas encore été décrite, mais sur laquelle, étant donné le mauvais état des individus, il ne serait guère possible aujourd'hui d'établir une diagnose sérieuse.

Euglypha rotunda Wailes (1).

On trouve quelquefois dans les Mousses et les Sphagnums une petite *Euglypha*, à coquille très régulière, lisse (dépourvue d'aiguilles), légèrement comprimée, mais conservant une ouverture buccale circulaire.

---

(1) Clare Island Survey (*Proceedings Royal Irish Academy*, vol. XXXI, part 65, 1911). Cet article des *Proceedings* n'est pas encore publié, mais il le sera sans doute avant l'automne. C'est aujourd'hui même (22 juillet) que me sont parvenus, grâce à l'obligeance de M. Wailes, les clichés préparés pour le *Clare Island Survey*, et qui m'ont obligé à remanier le paragraphe que je venais de consacrer ici à cette *Euglypha*. Je traitais ici de cette espèce comme d'une *Euglypha alveolata*, mais considérée comme une petite variété spéciale, qui, disais-je, « méritera peut-être un jour les honneurs d'une dénomination spécifique particulière ».

et que l'on a toujours rapportée à l'*Eugl. alveolata.* M. G. H. Wailes,
cependant, après avoir fait du genre *Euglypha* une étude approfondie,
vient d'élever cette petite forme au rang d'espèce, sous le nom de
Euglypha rotunda.

C'est bien alors l'*Euglypha rotunda* qui s'est rencontrée, toujours
rare, dans cinq des récoltes de M. Gain, et avec ses caractères spécifiques
bien nets.

A l'île Jenny, les exemplaires mesuraient 40 μ environ ; au cap Tuxen,
ils étaient en général un peu plus grands.

Euglypha ciliata Ehrenberg.

L'un des Rhizopodes les plus communs dans les Mousses, où il est bien
rare qu'on ne le rencontre pas. En principe, cette espèce est surtout
caractérisée par son armature de « cils » ou aiguilles fines, qui cependant
peuvent exceptionnellement manquer.

Or, dans les matériaux rapportés par le « Pourquoi Pas ? » on pourrait
faire à cet égard les observations suivantes :

1° Partout la taille était très petite ;

2° Partout les aiguilles étaient courtes, peu nombreuses, et dans
certaines stations elles manquaient absolument. C'est ainsi que je trouve
sur mes notes originales les mentions : « généralement sans aiguilles »
(récoltes 14, 15, 19), ou bien : « quelquefois *avec* aiguilles » (20), ou bien
encore « sans aiguilles ou avec quelques aiguilles courtes » (4), et enfin :
« toujours sans aiguilles » (12, 10).

? Euglypha compressa Carter.

Cette espèce est surtout caractéristique des Mousses bien fournies des
forêts de sapins, ou des tourbières à Sphagnum, où elle est de forte taille
et présente des caractères bien nets ; mais, dans les Mousses courtes et
chétives où les conditions d'existence sont difficiles, elle manque tout à
fait, ou bien aussi perd ses caractères spéciaux et finit par ne se distinguer
qu'avec peine de sa proche parente, *E. ciliata.*

Ce n'est que dans la récolte 10 (cap Tuxen) que j'ai cru pouvoir reconnaître l'*Euglypha compressa*, et encore suis-je obligé d'accompagner ma détermination d'un point de doute.

Euglypha lævis Perty.

Très caractéristique des Mousses, cette espèce s'est montrée dans un bon nombre des récoltes. Elle est très petite et passe facilement inaperçue. Probablement m'aurait-il fallu la signaler dans d'autres stations encore.

Euglypha lævis var. *minor* Penard.

En 1890 (1), j'avais indiqué comme variété spéciale de l'espèce *lævis* une *Euglypha* extrêmement petite (15 μ environ de longueur), peu comprimée, à première apparence dépourvue de structure précise, mais cependant une *Euglypha* sans aucun doute, et qui se reliait au type *lævis* par de nombreux termes de passage. Plus tard, j'avais cru devoir renoncer à cette var. *minor*, qui certainement n'offre aucun caractère distinctif bien net. Mais, en la retrouvant dans quelques-unes des récoltes de l'Antarctide (10, 20, 9, 12), je me suis demandé s'il n'y avait pas là quelque chose de spécial en effet, et si, puisque ce nom de *minor* existe, il ne faudrait pas le reprendre aujourd'hui.

Euglypha strigosa Leidy.

Seulement dans les récoltes 20 et 792, où les exemplaires étaient très rares et peu caractéristiques.

Nebela lageniformis Penard.

Ce Rhizopode, très caractéristique des Mousses en général, s'est rencontré dans un bon nombre des récoltes, et cela sous les formes les plus diverses. C'est une espèce en effet très polymorphe, non pas tant peut-être en Europe que dans l'hémisphère austral, où les déviations de forme arrivent à donner à la coquille une apparence très différente de celle du type.

En principe, cette *Nebela* se distingue des autres espèces du genre par

(1) *Mém. Soc. Phys. Hist. Nat. Genève.* t. XXXI, n° 2, p. 182.

la possession d'un col tubulaire, quelquefois légèrement étranglé à sa base, qui se détache tout droit de la panse arrondie de la coquille. Mais si ce col vient s'élargir dans sa région basale, si la constriction disparaît, la coquille finira par revêtir une apparence toute nouvelle et par se rapprocher, par exemple, de la *Nebela collaris*.

C'est ce que montraient, mieux ici qu'on n'a jamais pu le constater ailleurs, les différentes récoltes de M. Gain.

Dans la station 10 (cap Tuxen), par exemple, on trouvait, assez commune, la forme typique (fig. 1), puis aussi des formes de passage, à col

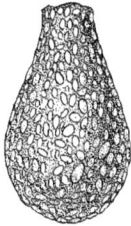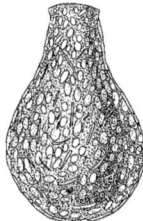

Fig. 1. Fig. 2. Fig. 3.

large et renflé. Dans la plupart des autres collections, la forme était normale encore, mais toujours, cependant, avec col plus ou moins renflé à la base; ou bien aussi, à côté de cette forme normale, on trouvait des variétés renflées. Dans la station 19 (île Petermann), le col avait pour ainsi dire complètement disparu, et seuls les nombreux termes de passage montraient que l'on avait encore la *Nebela lageniformis*. Au cap Rasmussen (20), c'était encore cette même forme sans col (fig. 2), et la coquille, à reliefs fortement dessinés, semblait indiquer un Rhizopode tout spécial, que certains exemplaires ramenaient pourtant encore à la *Neb. lageniformis*. Mais c'est à l'îlot Goudier (4) que la forme s'était le plus modifiée : l'on avait encore, à coup sûr, la *Neb. lageniformis*, mais grande, très renflée, à col très peu indiqué (fig. 3); une variété, enfin, que — ici comme dans tant d'autres *Nebela* où le type passe à une forme large — on pouvait appeler var. *flabellulum*.

Cette variété flabelluloïde, alors, rappelait quelque peu, à première vue, la *Nebela vas*, si commune dans l'hémisphère austral, mais dont l'espèce de l'îlot Goudier se distingue cependant par des caractères très nets; par la structure de la coquille, la taille beaucoup plus faible, la compression caractéristique, la forme du col, etc. (1).

Phryganella hemisphærica Penard.

Ce petit Rhizopode, très fréquent dans les Mousses où on ne le trouve d'ailleurs presque toujours que sous forme de coquilles vides, et que — grâce à sa forme à peu près globuleuse — les auteurs ne manquent jamais d'indiquer comme *Diff. globulus* ou *globulosa*, s'est rencontré dans la moitié environ des collections. Il est très petit, peu apparent, et probablement aura passé inaperçu dans d'autres récoltes.

? Plagiopyxis... Penard.

Une seule coquille vide, trouvée à l'île Booth-Wandel, m'a paru devoir se rapporter à ce genre, sans qu'il me fût possible d'y appliquer un nom d'espèce.

Pseudochlamys patella Clap et Lachm.

Dans la récolte 791 (île Petermann), on trouvait cette espèce en grande abondance, sous forme d'enveloppes vides, de 43 μ de diamètre en général : ou bien ces enveloppes renfermaient plusieurs petits kystes sphériques, lisses, jaunâtres, analogues à ceux qu'on rencontre quelquefois dans le genre *Arcella* (2).

Trinema enchelys (Ehrenb.) Leidy.

Cette espèce s'est rencontrée dans cinq des récoltes, et toujours représentée par une forme très petite, commune dans les Mousses en général.

(1) La *Nebela lageniformis*, si fréquente dans les Mousses, a manqué dans toutes les collections rapportées par J. Murray du cap Royds (Expédition Shakleton), où les conditions d'existence étaient sans doute plus difficiles encore que dans les régions visitées par le « Pourquoi Pas? ».
(2) C'est la première fois, à ma connaissance, que des kystes sont signalés dans le genre *Pseudochlamys*.

Trinema lineare Penard.

Assez commune dans beaucoup de récoltes, mais si petite qu'elle passait facilement inaperçue. Presque partout, la coquille était relativement large et renflée.

Clathrulina Cienkowskii Mereshkowsky.

Dans la récolte 792 (île Jenny) s'est montrée à plusieurs reprises une *Clathrulina* de 44 μ. de diamètre, et que l'on pouvait rapporter, plutôt qu'à la *Cl. elegans* beaucoup plus connue, à la *Cl. Cienkowskii*, plus petite, à tige beaucoup plus fine, etc., et que l'on a rencontrée plusieurs fois dans les Mousses (1).

CONCLUSIONS GÉNÉRALES.

Les Rhizopodes d'eau douce rapportés par la deuxième expédition antarctique française ont été au nombre de 26. C'est peu, et en même temps, on pourrait le dire, c'est beaucoup.

C'est peu, parce que ce total ne représente guère que la moitié environ des espèces rencontrées jusqu'ici dans les Mousses ; c'est beaucoup, car nous avons là une liste qui n'est pas loin d'être complète des espèces *essentiellement* bryophiles. De plus, en regard des 15 espèces rapportées en 1909 de l'Antarctique par James Murray, — qui lui-même enrichissait de 12 espèces la liste alors connue, — ce chiffre de 26 constitue une avance qui n'est pas sans intérêt (2).

Les régions visitées par le « Pourquoi Pas? » marquent en fait une sorte de terme milieu entre la richesse des régions tempérées et la pauvreté des latitudes atteintes par l'expédition Shakleton. Les Mousses, comparées à celles du cap Royds, sont ici plus abondantes, plus longues, plus fournies, et du même coup les organismes animaux y ont été plus nombreux, en espèces comme en individus.

(1) Par exemple au Spitzberg. — Voir PENARD, *Arch. f. Protistenkunde*, vol. II, 1903, p. 281.
(2) Avant MURRAY, le Pr RICHTERS avait cité, comme provenant des terres antarctiques polaires, *Amœba terricola* et *Corycia flava* (Deutsche Südpolar Exped. 1901-1903), puis *Arcella arenaria* (Victoria Land, 77° latitude sud).

Et pourtant, quelle pénurie encore, quelle misère dans la végétation !
Combien ces petites Mousses rases, ces pelotes collées au roc, d'où sans
doute il a fallu les arracher péniblement, sont loin des tapis épais du
Spitzberg, où la vie est exubérante encore ! A l'île d'Amsterdam, par
exemple, sous le 79ᵉ degré de latitude nord, ce sont encore de
larges touffes bien fournies, dans lesquelles les Rhizopodes montrent
non seulement les espèces des Mousses proprement dites, mais encore
quelques-unes de celles que, dans les régions tempérées, on rencontre
dans les tourbières à Sphagnum.

C'est que là-bas, dans l'Antarctide, il n'y a pas de Gulf-Stream, et que
les vents glacés du sud y produisent un effet diamétralement contraire à
celui du grand courant du nord !

Outre la pénurie en espèces, il faut relever celle, encore plus caractéristique, en individus ; pour 20 exemplaires qu'on eût trouvés sous
l'objectif dans une récolte des pays tempérés, on n'en rencontrait guère
ici qu'un seul ; le travail de recherche, en fait, était une œuvre de patience ;
moins ingrate pourtant qu'elle ne l'a été pour les Mousses de l'Expédition
Shakleton, où cette proportion de 1 à 20 aurait pu s'exprimer 1 à 100.

Dans certains cas, cependant, les individus se sont montrés nombreux,
par exemple *Assulina muscorum* dans plusieurs des récoltes, *Corycia flava*
dans la récolte 9, *Diplochlamys.*. spec. en 791, *Nebela lageniformis* dans
différentes stations, *Pseudochlamys patella* en 791.

Toujours ces individus étaient morts, ou bien quelquefois peut-être
simplement enkystés ; ils ne sont en tout cas jamais revenus à la vie
active. Il faut faire une exception, toutefois, pour la *Corycia flava*, qui
s'est montrée vivante ; tel avait été le cas, du reste, au cap Royds
(Expédition Shakleton), où les animaux, dans cette espèce, s'étaient
retrouvés, après deux ans, bien portants et actifs.

Presque partout, également, on avait affaire à de petites formes, et
qui parfois revêtaient des caractères spéciaux ; par exemple dans *Corythion
dubium*, une tendance à la forme orbiculaire ; dans *Euglypha ciliata*, une
réduction dans le nombre et la longueur des aiguilles. Enfin la *Nebela
lageniformis* s'est montrée sous les apparences les plus diverses, sous la
forme de variétés si différentes du type que l'on eût pas hésité à y voir

des espèces spéciales si de nombreuses transitions ne les avait rattachées
à ce type même.

Il semble, en fait, que, dans ces îles glacées de l'Antarctique, le genre
Nebela ne soit représenté que par une seule espèce, *Nebela lageniformis*,
mais que cette espèce y soit plus variable que partout ailleurs, en train
peut-être de se différencier en formes distinctes, dont l'une au moins,
cette grande forme flabelluloïde de l'îlot Goudier, aurait presque déjà
droit au titre d'espèce.

Une dernière remarque, enfin, et dans un tout autre ordre d'idées, mais
dont le côté pratique peut avoir son intérêt :

Parmi les récoltes rapportées par M. Gain, il s'en est trouvé quelques-
unes qui étaient non pas à l'état de Mousses sèches, mais en tube, dans
un liquide, sous forme de résidus de lavages opérés, — je le suppose du
moins, — sur place, avec des matériaux frais. Ce sont ces récoltes, alors,
qui se sont montrées les plus riches ; non pas en espèces peut-être, mais
en tout cas en individus. Pour prendre un exemple, nous citerons l'îlot
Goudier : si l'on se reporte au tableau général, on y verra, sous les
numéros 4 et 4′, deux colonnes exactement semblables, mais dont l'une
concerne des Mousses sèches et l'autre un résidu provenant de
lavage à l'état frais ; or, tandis que, dans le numéro 4, la *Nebela
lageniformis* était rare, on la trouvait assez nombreuse dans le numéro 4′.

Ce fait me paraît pouvoir être expliqué de la manière suivante. Dans
les lavages opérés peu après la récolte, sur des Mousses encore fraiches,
les animaux sont encore vivants, relativement lourds, et vont rapidement
au fond du récipient, où l'on veut les recueillir ; mais, après quelques mois
ou quelques années, les coquilles, absolument sèches, réduites à un état
de légèreté extrême, et par surcroît déformées et se remplissant facilement d'air, flottent presque indéfiniment et se perdent en nombre con-
sidérable au cours des décantations que l'on est obligé de leur faire
subir.

Il faudrait donc, me semble-t-il, et pour autant que cela serait possible,
rapporter chaque récolte sous deux formes : d'abord les Mousses au
naturel dans lesquelles on aurait chance de retrouver les organismes

vivants, puis un résidu *in vitro* provenant de lavage opéré sur les matériaux encore frais (1).

Telles qu'elles sont, les récoltes de M. Gain, tout en témoignant de l'activité du biologiste et du zèle qu'il a mis à récolter ses matériaux dans des lieux où sans doute il n'était pas aisé de se les procurer, apportent quelques renseignements de plus sur la faune de l'Antarctide, et tout en faisant ressortir encore une fois le caractère cosmopolite des Rhizopodes en général et des Rhizopodes bryophiles en particulier, montrent que ce cosmopolitisme est doublé, suivant les circonstances, d'une tendance à la déviation du type, à la production de formes spéciales, qui seront fixées un jour.

A mesure que se précisent nos connaissances sur les infiniment petits, s'affirme aussi la conviction que ces êtres, jusqu'ici presque absolument négligés dans les discussions relatives aux théories évolutionnistes, ont sous ce rapport une importance qu'on ne leur a pas soupçonnée; et les recherches dans les contrées polaires, où la lutte pour l'existence est plus dure et où l'adaptation pourrait peut-être être prise plus directement sur le fait, sont destinées à fournir sous ce rapport des renseignements du plus haut intérêt.

(1) Ce qui vaudrait bien mieux encore, d'ailleurs, ce serait de rapporter ce résidu dans l'essence de girofle, après traitement général au carmin et à l'alcool absolu. Un petit tube de 3 ou 4 centimètres carrés de capacité fournirait, après des années entières, des exemplaires en parfait état et en grand nombre, avec noyaux colorés, quelquefois pseudopodes, etc.

DEUXIÈME EXPÉDITION ANTARCTIQUE FRANÇAISE
(1908-1910)

Fascicules publiés en 1911

Fascicules publiés en 1912

Fascicules publiés en 1913